몬스터 수학 덧셈

모두 모두 모여라

매들린 타일러 글
에이미 리 그림
차정민 옮김

기린미디어

1

2

3

4

5

6

7

8

5

이제 집에 갈 시간이야.
샘은 박물관에서 나왔어.

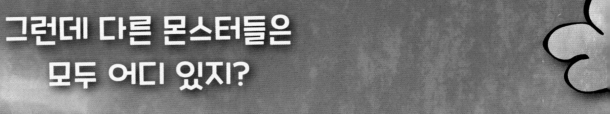

그런데 다른 몬스터들은
모두 어디 있지?

7

찾았다!

몬스터
둘이 있네!

1 더하기 2는 3이야.

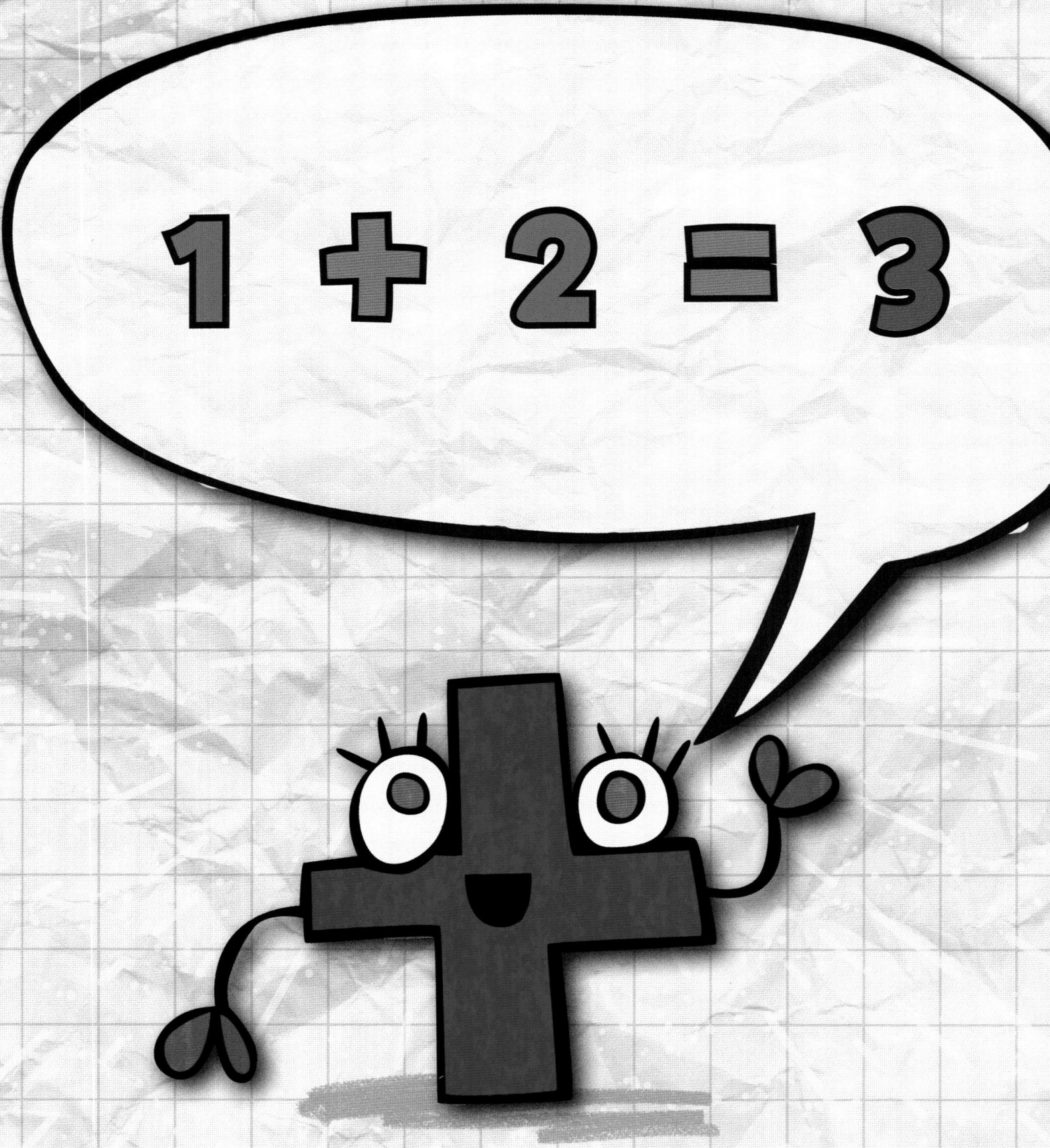
1 + 2 = 3

이제 세 몬스터가 모였어.

1   2   3

샘이
몬스터 둘을 더 찾았어.

3에 2를 더하면 5야.

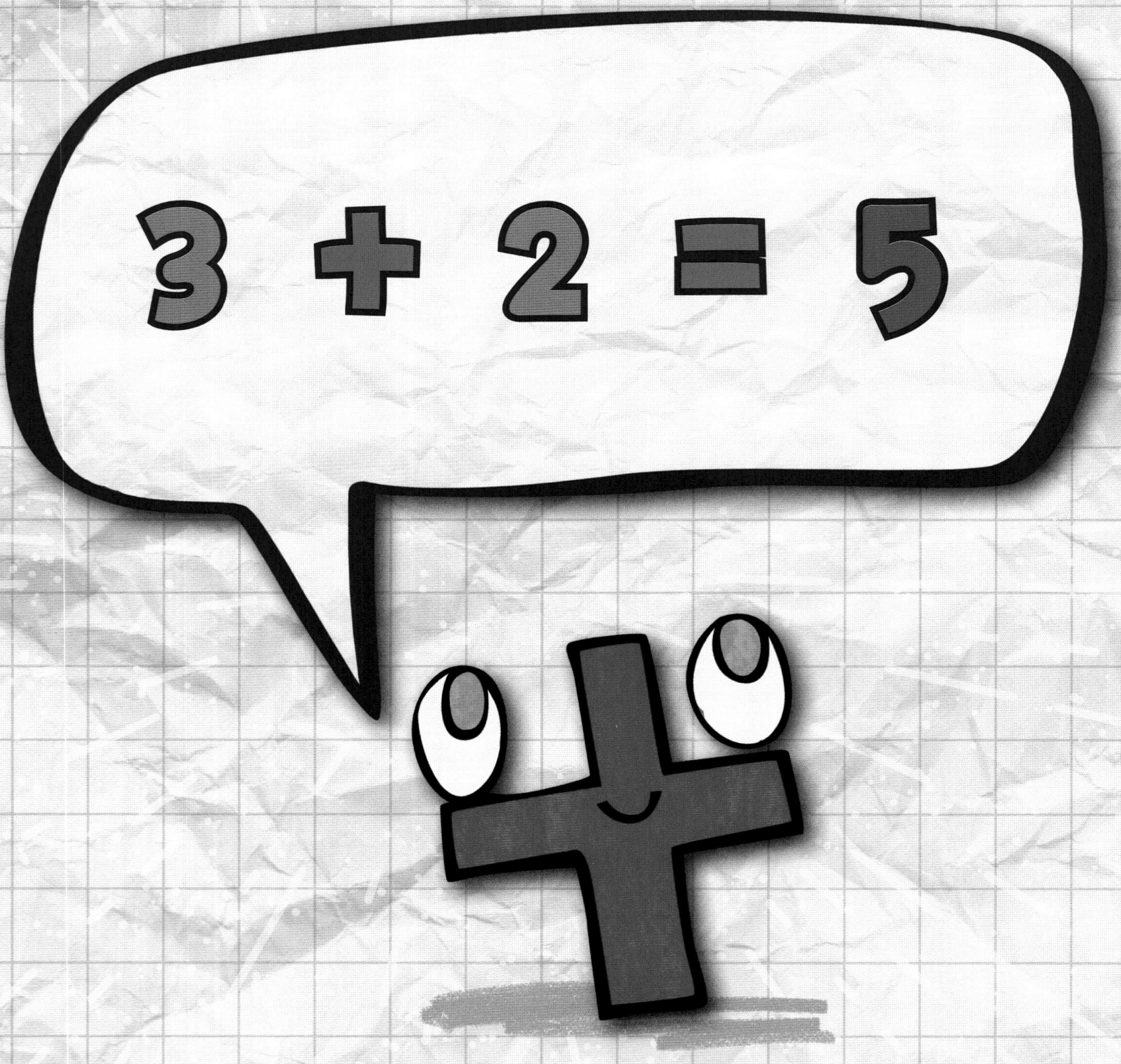
3 + 2 = 5

이제 다섯 몬스터가 모였어.

1

2

3

4

5

5 더하기 3은 8이야.

$$5 + 3 = 8$$

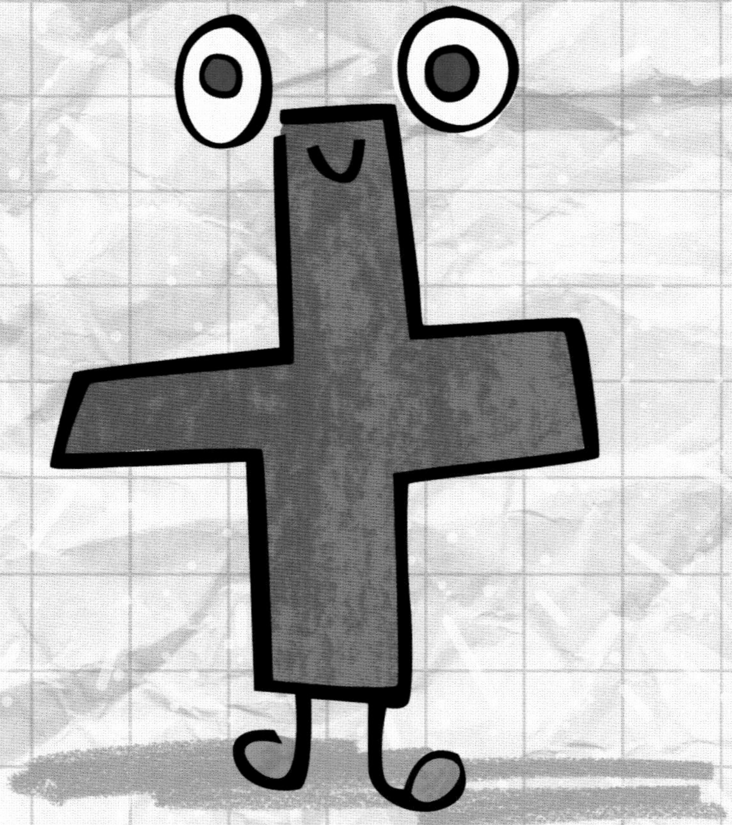

이제
여덟 몬스터가
모였어.

처음에는 몬스터가 샘 하나만 있었는데

이제 여덟이야!

몬스터 학교

모두 더해서 여덟 몬스터가 됐어.

1 더하기 2···

···더하기 2···

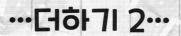

···더하기 3···

···은 8!

23

아래 덧셈에 맞는 답을 찾아서
줄을 이어 봐!

1 + 2 =   5

3 + 2 =   8

5 + 3 =   3

MONSTER MATHS

ADDITION

WRITTEN BY

MADELINE TYLER

ILLUSTRATED BY

AMY LI

BookLife
PUBLISHING

Written by:
Madeline Tyler

Edited by:
John Wood

Designed/Illustrated by:
Amy Li

©2020
BookLife Publishing Ltd.
King's Lynn
Norfolk PE30 4LS

All rights reserved.
Printed in Malaysia.

ISBN: 978-1-83927-251-6

A catalogue record for this book is available from the British Library. All facts, statistics, web addresses and URLs in this book were verified as valid and accurate at time of writing. No responsibility for any changes to external websites or references can be accepted by either the author or publisher.

Som is on a school trip with all her friends.

3

8 monsters on a school trip.

4

1 2 3 4 5 6 7 8

5

It is time to go home.
Som is ready.

6

But where are all the other monsters?

7

Look!

There are 2 monsters.

8

1 add 2 is 3.

9

Now there are 3 monsters.

1   2   3

Som can see 2 more monsters.

3 and 2 makes 5.

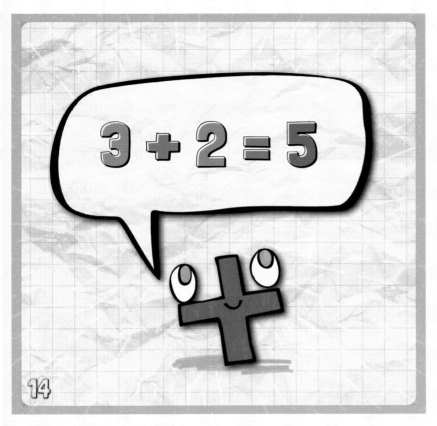

14

Now there are 5 monsters.

1

2

3

4

5

15

3 monsters are hiding here. Can you see them?

16

5 plus 3 equals 8.

17

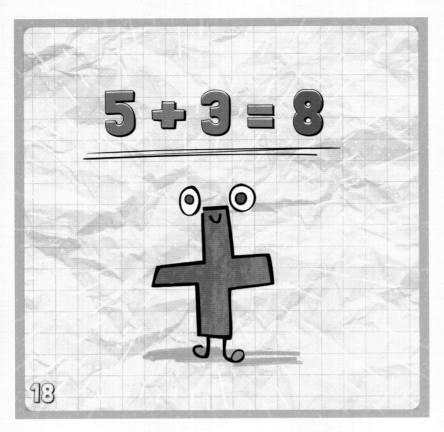

$$5 + 3 = 8$$

Now there are 8 monsters.

1 2 3 4 5 6 7 8

There was only 1 monster...

... but now there are 8!

18 19 20 21

8 monsters have been added up.

22

1 and 2...

... add 2...

... plus 3...

... equals 8!

23

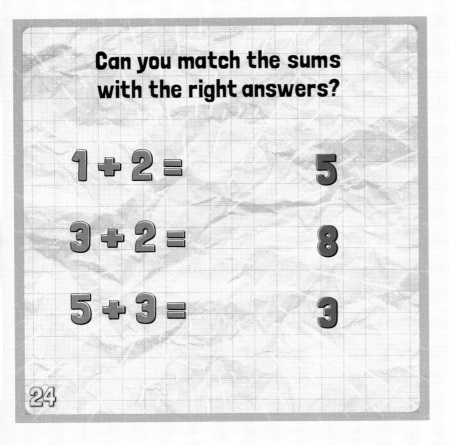

Can you match the sums
with the right answers?

1 + 2 =   5

3 + 2 =   8

5 + 3 =   3

24

몬스터 수학 덧셈
모두 모두 모여라

초판 1쇄 인쇄 2020년 12월 4일 ∣ **초판 1쇄 발행** 2020년 12월 10일
글쓴이 매들린 타일러 ∣ **그린이** 에이미 리 ∣ **옮긴이** 차정민
펴낸이 김민영 ∣ **책임 편집** 이정은 ∣ **디자인** 박두레
펴낸곳 기린미디어 ∣ **등록** 2016년 4월 26일 제 2016-000009호
주소 경기도 김포시 모담공원로 17
전화 0505-302-2381 ∣ **팩스** 0505-300-2381 ∣ **전자우편** girinmedia@daum.net

ISBN 979-11-91142-05-1 74410
　　　979-11-91142-00-6 (세트)

이 도서의 국립중앙도서관 출판예정시도서목록(CIP)은 서지정보유통지원시스템 홈페이지(http://seoji.nl.go.kr)와
국가자료공동목록시스템(http://www.nl.go.kr/kolisnet)에서 이용하실 수 있습니다.   (CIP제어번호 : CIP2020039735)

MONSTER MATH: ADDITION
Written by Madeline Tyler, Edited by John Wood, Designed/Illustrated by Amy Li
Copyright ⓒ 2020 Booklife Publishing
All rights reserved.
Korean translation copyright ⓒ GIRIN MEDIA 2020
Korean translation rights are arranged with Booklife Publishing through B.K. Norton and AMO Agency.
이 책의 한국어판 저작권은 AMO에이전시를 통해 저작권자와 독점 계약한 기린 미디어에 있습니다.
저작권법에 의해 한국 내에서 보호를 받는 저작물이므로 무단 전재와 무단 복제를 금합니다.

*책값은 뒤표지에 표시되어 있습니다.

*파본이나 잘못된 책은 구입하신 곳에서 바꿔드립니다.

품명 아동 도서 ∣ **사용연령** 5세 이상 ∣ **제조국** 대한민국 ∣ **제조년월** 2020년 12월 10일 ∣ **제조자명** 기린미디어
연락처 0505-302-2381 ∣ **주소** 경기도 김포시 모담공원로 17
주의사항 종이에 베이거나 긁히지 않도록 조심하세요. 책 모서리가 날카로우니 던지거나 떨어뜨리지 마세요.
KC마크는 이 제품이 공통안전기준에 적합하였음을 의미합니다.

사진 출처
Shutterstock, Getty Images, Thinkstock Photo, iStockphoto
표지, p1-2 : memphisslim, jojje, Dmitrijj Skorobogatov, Abscent, ag1100. 마스터 이미지 : jojje(격자 무늬), Dmitrijj Skorobogatov(그림 질감), Abscent(패턴), ag1100(종이 질감),
Corey Frey(몬스터 질감), Alexander Mazurkevich(나뭇잎), Kriengsuk Prasroetsung(풀), cluckva(벽지 질감), Krailath(하늘), Amy Li(모든 그림). p3 : ekaryabis, Elena11, p4-5 :
Dmitri_st, Moloko88, p6-7 : ekaryabis, Elena11, komkrit Preechachanwate, p8-9 : Elena11, p12-13 : wk1003mike, jakkapan, VolodymyrSanych, p16-17 : Dmitri_st, Moloko88,
p20-21 : sootra, p22-23 : Katrien1

글쓴이 **매들린 타일러**

60여 권의 책을 쓴 재능있는 작가입니다. 대학에서 비교문학을 전공했습니다. 지역 학교에서 어린이들의 독서를 돕는 활동으로 대학 자원 봉사상을 수상하기도 했습니다.

그린이 **에이미 리**

어릴 적부터 자신만의 이야기를 쓰고 그림을 그리는 등, 책과 그림에 대한 열정을 보여왔습니다. 대학에서 그래픽 디자인과 일러스트레이션을 전공했습니다. 80여 권이 넘는 책의 디자인과 일러스트레이션을 작업했습니다.

옮긴이 **차정민**

두 아이 엄마로 어린이책을 기획, 편집하고 있습니다. 옮긴 책으로 《긴 여행》이 있습니다.

몬스터 수학 시리즈

친절하고 귀여운 몬스터들과 함께 배우는 재미난 수학!
어느새 수학이 신나는 놀이처럼 느껴질 거예요.
책 맨 뒤에는 영어 원서도 수록되어 있어서
수학도 배우고 영어도 익힐 수 있어요.

숫자 세기 신나는 생일 파티

측정하기 누가 누가 빠를까?

규칙 찾기 반짝반짝 목걸이 만들기

도형 찾기 동글동글 해님은 원이야

덧셈 모두 모두 모여라!

뺄셈 일곱 마리 강아지

돈 세기 이 사탕 얼마예요?

시계 보기 지금 몇 시야?

매들린 타일러 글, 에이미 리 그림, 이계순, 차정민 옮김